"大自然小问题"
系列

隐藏的
小动物

[法]大卫·梅尔贝克 / 著
[法]贾姆普尔·弗莱兹 / 绘
李丹 / 译

深圳出版社

版权登记号 图字：19-2024-345 号

Originally published in France as:

Les animaux qui se cachent ou se camouflent

By David Melbeck, Illustrated by Jampur Fraize

© Les Editions de la Salamandre

Current Chinese translation rights arranged through Hannele & Associates
C/O Divas International, Paris

巴黎迪法国际版权代理(www.divas-books.com)

图书在版编目（CIP）数据

隐藏的小动物 / （法）大卫·梅尔贝克著 ；（法）贾
姆普尔·弗莱兹绘 ；李丹译. -- 深圳 ：深圳出版社，
2025. 7. -- （"大自然小问题"系列）. -- ISBN 978-7-
5507-4200-0

Ⅰ. Q95-49

中国国家版本馆CIP数据核字第2025ND5382号

"大自然小问题"系列：隐藏的小动物
"DAZIRAN XIAOWENTI" XILIE: YINCANG DE XIAODONGWU

| 责任编辑 | 岑诗楠 | 责任技编 | 梁立新 |
| 责任校对 | 万妮霞 | 封面设计 | 朱玲颖 |

出版发行 深圳出版社
地　　址 深圳市彩田南路海天综合大厦（518033）
网　　址 www.htph.com.cn
订购电话 0755-83460239（邮购、团购）
设计制作 深圳市童研社文化科技有限公司
印　　刷 深圳市新联美术印刷有限公司
开　　本 787mm×1092mm　1/24
印　　张 4.5
字　　数 7.2 千
版　　次 2025 年 7 月 1 版
印　　次 2025 年 7 月 1 次
定　　价 39.80 元

目 录

谁藏在小洞
深处的 沙子 里?

▷ **对蚂蚁来说，这是异常凶狠的捕食者！**

蚁蛉的幼虫，又称"蚁狮"，埋伏在漏斗状的陷阱底部，耐心地等待着蚂蚁的光临。这只倒霉的昆虫一旦靠近陷阱的边缘，便不可逃脱地随着沙粒雨掉入早已为它准备好了的深渊里。蚁蛉的幼虫立即用钳子一般的上颚将猎物死死钳住，尖锐的颚管刺入猎物体内，注入消化酶，将其液化，然后就可以用它的"吸管"享用这杯美味的糖浆了。

蚁蛉幼虫可能只比火柴头大那么一丁点，然而其挖掘出的死亡陷阱却能十分高效地捕获猎物。小沙丘的斜坡让靠近的猎物滑入陷阱，蚁蛉幼虫还火上加油，以迅雷不及掩耳的速度向猎物投掷大量沙子。

难以想象，这个微型怪兽日后会拥有蜻蜓般优雅的身姿。

你知道吗？

为了让陷阱一直能用，蚁蛉幼虫每晚都会重新挖一轮。它做起事来有条不紊，倒退着呈螺旋式前进，用头将沙子弹抛出洞，不到一个小时陷阱就完工了。

原来如此！

穴虻科苍蝇幼虫和蚁蛉幼虫虽然相差万里，但它们都会挖掘相似的锥形洞，具有相似的捕食习性，我们称之为趋同进化现象。

谁**吠叫**着
逃进**灌木丛**?

▶ **不是狗，也不是狼，而是一只受惊后狂奔躲藏的鹿科动物——狍子。**

你怕我，我怕他，动物界也如此。如果你在森林中漫步，突然听到刺耳的嘶叫声，别怕，不需要用短棒防身，没有德国牧羊犬追逐或者咬你，也许你只是打扰了一只正在吃草的狍子。受到惊吓后，它一边飞奔着躲到灌木丛中，一边发出警示。不可思议，我们可能还认为那是一条狗！它这样做，是在壮胆，并告知周围的同伴，这里可能有危险。

这只鹿科小动物趴在地上，爪子抱着脖子。要区分雌雄，我们通常会参考它的"镜子"，就是它臀部的一撮白毛。雌狍臀部的白毛是心形，雄狍则是肾形。它受惊时，毛发会耸起，臀部的这块斑点尤其明显。狍子其他部位的毛发呈栗色，这也有助于它遇到危险时在森林中藏身。

对了，为什么我们散步时很难遇到它呢？答案见第93页。

你知道吗？

狍子睡得很少，每天往往睡不足4小时。它用蹄子摆弄灌木丛中的干草，整理出一张床来，睡在这片干草上，不会引起注意。它的睡眠很深，以至于当危险近在咫尺才"幡然醒悟"，惊慌失措，狂奔而逃。

动物可以藏起自己的气味吗?

▶ **有很多办法:浸入更浓的香味中,释放出欺骗性的气味,在尿液中打滚,或者更糟糕……**

有时,仅仅藏身还不够。比如单棘鲀科小鱼就不满足于自己珊瑚色的"衣服",还会释放出一种气味,让即使游到它身边的大鱼也不能察觉到它的存在。

狗狗有个让主人感到非常沮丧的怪癖:它们喜欢在排泄物或者淤泥里打滚……总之它们喜欢一切恶臭的或气味强烈的东西。显然,这是它们的狩猎祖先的本能体现。

当狼发现恶臭或气味强烈的东西时,它会在里面翻滚磨蹭,目的是掩盖自己本身的气味,以便更好地靠近猎物。而狮子喜欢用水牛的粪便擦拭自己的身体,以达到同样的目的。一种类似小胡蜂的梨叶蜂幼虫喜欢裹上含有自身粪便的凝胶,通过嗅觉、视觉和触觉保护自己。

鬼脸天蛾钟爱蜂蜜,它可以进入满是蜜蜂的蜂巢,并且活着出来。我们怀疑它具有嗅觉免疫,所以蜂后的臣民们对它相当友好。

你知道吗?

水蛇受到威胁时会蜷缩起来,腹部朝上,张着口,吐出舌头。它是在装死,同时,释放出一股腐烂尸体的臭味,捕食者可不想收获一堆腐肉,于是转身离开。某种球螋科昆虫蠼螋也会使用同样的伎俩,遇到危险时,便会散发出排泄物的气味。

为什么这根小树枝
软绵绵的?

▶ **好一个漂亮的戏法！当所有危险都排除后，一根枝权变回了一只毛毛虫。**

在花园里，奇特的毛毛虫会在果树的树枝上或树篱的灌木中爬行，它们的步态与众不同。

它们爬行得如此认真、如此有节奏，有点像是一位在丈量身体底下的树枝的丈量员。它们尽最大可能伸展身体，紧紧依附在一根树枝上，然后曲起身体，身体的后半部分尽可能前收，然后再次伸展开来，如此重复前行。

毛毛虫如此独特的爬行方式为它们赢得了"丈量员"的称号。桑蟥是尺蠖蛾的幼虫，家族庞大，精通伪装艺术，身体的颜色往往与周边环境保持一致。

危险降临时，它们会挺直身体，保持静止，装成树枝或树芽的样子。它们的脱身之计很成功，难以被识破。

对了，你知道什么鸟会将自己伪装成一根枯枝？答案见第59页。

你知道吗？

一些幼虫会伪装成其他东西的模样。你以为这是一坨鸟粪？不，那是一只突尾钩蛱蝶的幼虫。红天蛾的幼虫长着凶猛的"假眼"，外形酷似一条蛇。

还有一些毛毛虫会把自己身体的颜色变得亮丽，来警告掠食者自己有毒，不能吃。

我们会踩到 野兔吗?

▶ **当然不会，但这个跑步高手有时会等到最后一刻才逃跑。**

它那巨大的耳朵无疑赋予了它敏锐的听觉，然而它的大眼睛，却暴露了它夜行的习惯。野兔最活跃的时间是在傍晚、深夜或清晨。然而这个好奇心很重的家伙休息时，大大的耳朵会紧挨身体，贴着地面。野兔会把窝建在田野、林中或灌木丛里，非常隐蔽。它的土色毛发更是和环境完美融合，这个捉迷藏高手深谙此道。

十几个散步者显然和野兔只有几米之遥了，但还未觉察到野兔的存在。因毛色与嘉布遣小兄弟会修士的风帽外形相似，野兔便有了"嘉布遣"这个可笑的外号。"嘉布遣"可是个胆小鬼，可以理解，毕竟几个世纪以来，野兔一直是狩猎人的主要目标之一。

它静悄悄地躺在原地，等待你们的离开。一旦你们的脚步离它咫尺之遥，它便会以闪电般的速度拔腿逃跑，把不小心踩入"禁区"的你们吓一大跳。野兔的后腿健壮发达，这为它提供了天然的全速奔跑的能力，加上毫无征兆地转换奔跑方向，只需要几秒，它便会消失在你的视线中。

你知道吗？

野兔轻轻松松就会跳出3.5米的高度。关于速度，很多电动车可能都不是它的对手。野兔的奔跑时速可达六七十千米，有时甚至可达80千米。准备好了吗？开跑！

为什么小鹿身上
布满斑点？

▶ **为了更好地躲藏在灌木丛的阴影下。**

小鹿生下来身上就布满斑点。一般情况下，母鹿会诞下双胎。生下来不到两个小时，幼鹿就能站立。而后，母鹿会时常离开，去附近觅食，并要避免让捕食者看到幼鹿。它会让孩子们躲藏在距它几十米远的地方。让它们做什么呢？在地上睡觉，蜷成一个球，或者变成一个雕塑，一动不动，无论发生什么事情。

小鹿红褐色的毛发上有很多明亮的斑点，可以让它巧妙地隐藏起来。在大草原上，小鹿身上的斑点犹如白色小花，可以以假乱真。在森林里，这些斑点与阳光穿过树叶照在干草上的影子很像，很好地伪装了小鹿，让它与周围的环境融为一体。

刚出生的幼鹿还有一大优势：它们几乎

没有任何体味。所以即使狐狸近在咫尺，它们也可以放心地保持不动。与最后一刻才会逃跑的野兔不同，散步者一不留神就可能会踩到小鹿。

你知道吗？

"啊！被丢弃在森林中的可怜孤儿！"完全不是这样的！如果你在林中偶然遇到一只幼鹿，不要碰它。它没有被遗弃，其实它的妈妈就在不远处，警惕地看着你。你只要一离开，即便空气中还留存着你的气味，它也会马上回到它的孩子身边。

蝾螈是因为黄疸高才那么黄吗？

▶ **它漂亮的黄色斑点向外界传达一个信息："千万别吃我，我是有毒的！"**

蝾螈的黄疸指数不高，也没有肝病，它只是借助身上的漂亮斑点告诫捕食者它是毒性动物。它身上绚丽的黄色或橙色就是一块警示牌。众多昆虫使用同样的招数，比如瓢虫会利用它绚红的色调，让捕食者对它望而却步。

生物学家常常说起拟态色彩，但这种两栖动物掌握的可不止这一个招数。白天，蝾螈在暴雨后的森林中漫步，阳光穿过树叶星星点点地闪烁着，正是因为有这些斑点，让外界很难觉察出它的存在。

每只蝾螈身上的斑点都不同。在部分蝾螈身上，黄色是主色调，其次是黑色。另一部分蝾螈身上的斑点则以椭圆形或圆形为主。总之，每只蝾螈身上的图案都是独一无二的。

对了，鳟鱼得了水痘吗？答案见第32页。

你知道吗？

如果蝾螈生病了，多数是因为感染了一种真菌。近些年，这种真菌在荷兰、德国和比利时造成了大量蝾螈的死亡。

这种真菌的学术名称很吓人：Batrachochytrium salamandrivorans，可以翻译为"吞噬蝾螈的蛙霉"。

人们很担心这种真菌在欧洲其他地方传播，因为这会减少蝾螈的数量！

谁躲在阁楼的
阴暗角落里？

▶ **腹部朝上，我消失不见；背部朝上，我正看着你。我是一只孔雀蛱蝶。**

有些蝴蝶只有几天的生命，而另一些则能活几个月。其中就有美丽的孔雀蛱蝶，它们以成蝶形态度过冬天，会选择在花园中的小屋、谷仓或者阁楼中冬眠。它也许会选择你家。

孔雀蛱蝶通常颜色鲜艳，翅背上有大团的红色、蓝色大眼睛一样的图案，必要时可以变成一片阴影，极难被看见，只需寻找一个洞穴、一个角落或者一个阴暗处栖身，然后合上翅膀。正面显眼、反面暗淡的特点可以让外界忘记它们的存在。

孔雀蛱蝶可以一动不动地待上几个月。如果老鼠或其他动物不小心触碰或靠近冬眠中的孔雀蛱蝶，它将瞬间启动自我保护机制，猛然张开翅膀，露出颜色鲜艳的"眼睛"，吓得不速之客惊慌失措，仓皇而逃。

对了，哪种蝴蝶飞到树干上便消失不见了？答案见第54页。

你知道吗？

孔雀蛱蝶在冬眠期可以承受0℃以下的气温。因为在秋季它们的体内会产生甘油和乙醇那样的抗冻物质，这可以大大降低身体内水分的结冰点。

有和**草**一样
颜色的蜥蜴吗？

▶ **当然有！有一种蜥蜴就叫绿蜥蜴。**

绿蜥蜴在植物中一动不动，但我们一旦靠近，它便会以闪电般的速度逃跑。在这之前，没人会注意到它的存在。每日上午，蜥蜴会享受一个没有香皂和泡沫的太阳浴……与哺乳动物不同，它不能发热，也不能保持身体的温度。环境温度决定了它的体温。

经过了一晚的清凉，这个小小的爬行动物会在早上将自己暴露在温暖的阳光下取暖。蜥蜴喜欢睡懒觉，10点后温度达到15℃以上时才外出。低于这个温度，蜥蜴会在自己的窝内睡觉。

醒来后，漂亮而又谨慎的蜥蜴会呈现出绚丽的绿色，太阳板一样坚硬的鳞片隐藏在树叶或草丛中。它全力伸展自己的身体，以便最大程度地获取温暖的阳光，调节体温。

体内温度一旦达到32℃或33℃，它便开始活动，首先是填饱肚子。它开始捕获昆虫。消化时，它们仍需要阳光。

你知道吗？

春季是它们的发情期。此时，雄性蜥蜴身上的颜色往往会变得很鲜艳，喉咙部位的皮肤变成深蓝色，表明它是这块领地的主人。如果鲜艳的颜色不足以吓跑入侵者，那就会发生混战了。此时，绿色也不能让它们轻易"隐身"了，须当心捕食者……

哪种昆虫把自己打扮成胡蜂的样子?

▶ **黑黄条纹相间的小巧机灵的苍蝇?那是食蚜蝇。**

很多昆虫都是伪装艺术大师。食蚜蝇便是其中一员,这是一种很常见的漂亮的苍蝇,身体呈色带状。这种双翅目昆虫虽然没有黄蜂那么大,但也有黄黑相间的优雅身姿。食蚜蝇群如同一架架无人机,聚集在花园里游荡,它们是飞行的高手,速度很快,一跳一跳的,不断转向,令人难以看清。当它们停下来时,才能看到它们的真面目。不可思议,这明明是一只小胡蜂!不,那只是在虚张声势的食蚜蝇!

很多捕食者误以为它们有分泌毒液的螯针,于是掉头离开。但仔细一观察,才发现它们只有一对翅膀,而胡蜂有两对呢!它小小的触角没有关节,腰身也没有胡蜂那么结实。

况且,它们飞行时经常悬停驻足,卸掉了伪装,它们只是一种没有任何进攻性的昆虫,不会叮咬任何东西。

你知道吗?

食蚜蝇的腰身上黑黄相间的图案十分有趣,像极了一张戴着一顶亚洲传统帽子的人脸。

原来如此!

食蚜蝇是园丁的得力助手,其幼虫呈蛆状,擅长捕食蚜虫。一个幼虫足可消灭几百只蚜虫,它的成虫名字也由此而来。

藏在常春藤中的是什么蝴蝶？

▶ 当这只"小柠檬"合上翅膀时，常春藤就多了片叶子。

这种奇特的蝴蝶比大部分鳞翅目昆虫的寿命都长，它能在野外飞行近一年时间。

金凤蝶的成虫可以在常温中越冬，在植物上冬眠，等待春天的到来。它们体内的天然防冻物质不会让它们变成一个冰雕。

它们的名字来自身上柠檬黄的颜色。它们收起双翅时，就跟消失了一样。柠檬黄的翅面上，同样有黄绿色的翅脉，像极了一片树叶。与很多白天活动的蝴蝶不同，金凤蝶的翅膀形状有尖角，与棱角分明的常春藤叶子十分相似。

常春藤四季常绿，枝繁叶茂，是理想的庇护所。它的叶子还能抵抗大风的侵袭，让金凤蝶可以睡上几个月的安稳觉。而且，我们的"小柠檬"睡觉时保持头朝下，触角排列在翅膀小小的黑点上，给人以树叶、瓣片和叶柄的错觉。

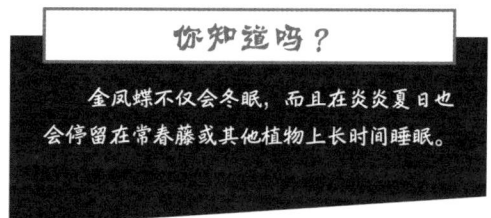

你知道吗？

金凤蝶不仅会冬眠，而且在炎炎夏日也会停留在常春藤或其他植物上长时间睡眠。

为什么鼬到了冬天就会变成白色？

▶ **冰冻时节，这种小小的食肉动物换上冬日大衣，它的毛发变成了白色。**

秋季，鼬会脱下夏衣，换上冬装。鼬身上每平方厘米都会有两万根毛发，这件"大衣"厚实暖和，完全可以抵抗冬日的寒冷。换毛期持续一个月左右，当温度低于1℃后，它的毛发将由棕色变成白色。因为寒冷会阻止这只哺乳动物分泌激素，影响毛发的颜色。

没有了褪黑素，毛发就会变白，这大大便于鼬在雪地上或在被白雪覆盖的植物中隐身活动。毕竟，200克重的小白鼬是很多食肉动物的捕食对象之一，它得低调点才行。

换毛期如果碰到温度浮动的情况，鼬的皮毛会出现两色混杂的情况，白色搭配棕色，或反之。只有尾巴末端的那一点点黑色

保持不变。到春季换毛期，它将重新披上原本的棕色外套。

因为有着非常珍贵的皮毛，在过去的很长时间内，这种小小的哺乳动物被到处捕杀，皮毛被制成华丽的服装。直至今日，它的皮毛仍被制成衣物，出现在违法的皮草交易市场。

你知道吗？

和它的同族黄鼬（黄鼠狼）一样，白鼬的专长是捕食啮齿动物，特别是田鼠。可以说，白鼬是田鼠数量的调节师。细长的身体可以让它非常轻松地钻进田鼠或鼹鼠的地洞里。

用拇指和食指围一个圈，它能从其中穿过去的！

这些自行摇摆的
小细枝叫什么？

▶ **出现，消失……竹节虫简直就是一根根神奇的魔法棒。变变变！**

看！一根10厘米长的小茎秆倒挂着，在风中摇摆着。其实，那是一只漂亮的昆虫。它修长的身体和腿脚如同细棍，伪装的技巧更是不一般。静止不动时，它很难被发现；活动时，动作一颠一颠的，轻轻地左右摇摆，如被微风吹拂。

竹节虫将伪装艺术上升到了一个很高的层次。体色是绿色的竹节虫会避免去干枯的灌木丛；褐色的则不会去找绿色植物。它有很多不同颜色的种类，绝对是一个高明的魔法师。竹节虫是食植性动物，只吃树叶，偏爱树莓和野蔷薇的叶子。

全世界有3000多种竹节虫，有的像树叶，有的像苔藓，还有的像带刺的树枝或者细枝。只有6种竹节虫生活在欧洲的大自然中，主要分布在欧洲南部。

你知道吗？

和它们的表亲一样，竹节虫断肢后并不影响生存。放心吧，断肢可以在接下来的"换装期"再长出来。竹节虫要定期蜕皮才能长大。

我们的**家门口**
有变色龙吗?

▶ **有的变色龙选择在欧洲南部安家。**

　　大名鼎鼎的变色龙不仅生活在非洲或亚洲的热带地区，有些普通的变色龙还把家安在葡萄牙和西班牙的最南部，甚至在希腊也能发现它们，如伯罗奔尼撒非洲变色龙。它们都需要有足够的热量才能生存，所以便待在欧洲干燥的沙漠地带，在气候清凉或寒冷的乡村是不可能看到它们的身影的。

　　"瞬间伪装之王"是不会无故换装的，它们的皮肤组织里有成千上万个星状色素细胞，有红的、黄的、白的、黑的、蓝的，大小根据变色龙的心情、周边温度和光线变化而变化。有的由变色龙的大脑控制，可以扩展或收缩，所以变色龙皮肤的调色板功能非常丰富。这种爬行动物冷静时，身体是绿色的；生气或受到惊吓时，身体会布满圆点或出现鲜艳的色带。晚上睡觉前呈浅色，清晨阳光下黝黑发亮，震慑对手时又会变成红色……变化无止境。

你知道吗？

　　天热时，你有没有和苍蝇比过谁的速度更快？这其实是地中海变色龙的日常生活。它栖息在自己喜欢的灌木丛里，慢慢地靠近猎物，然后降下速度，当它来到离猎物25到30厘米处时，会以闪电般的速度伸出又长又黏的舌头，不到0.04秒，便能精准捕获目标。

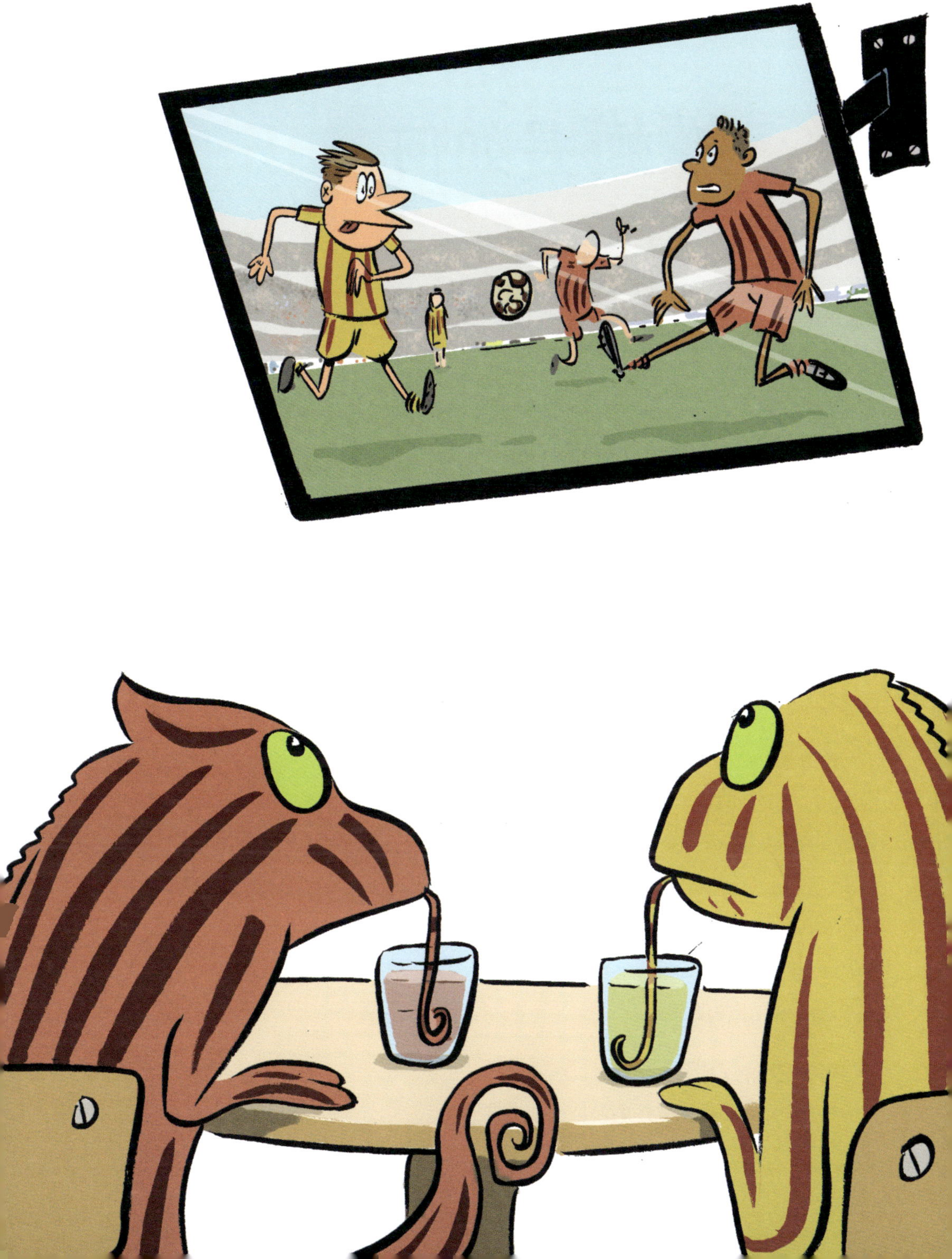

螳螂是如何捕食猎物的？

▶ 它静伏在草上，好像不存在似的，然后向一切在动的猎物伸出布满刺钩的钳子。其实，你完全用不着担心！

这只长得像外星人、双手合十作祈祷状的昆虫是什么呢？其实它并不是在祷告，只是长了两只可怕的钳子，随时准备拿下离自己最近的猎物。

螳螂潜伏在草叶上，纹丝不动。它绿色、棕色或黄色的身体及长条的形状，让它与周围的环境完全融为一体，突出的大眼睛能探测到任何微小的动作。一旦有体型合适的猎物靠近，如蚱蜢、苍蝇或蜥蜴，灌木丛中的这个猎食者便开始慢慢调整位置，以便找到最佳的攻击角度。

猎物发现中了圈套，但为时已晚，来不及祈祷了……螳螂的两只钩刺前足已经将猎物牢牢地夹住，然后开始享用活物。

用完餐，螳螂会仔细地清除掉残留在钩刺上的食粒，保养致命武器……

对了，隐藏起来的动物都很危险吗？答案见第40页。

你知道吗？

螳螂受到侵犯后，会摆出胆怯的姿态，挥舞前臂，不断地抖动腹部的翅膀，可以看见那里有一对黑圈白斑的眼状纹。

鳟鱼得了水痘吗?

▶ **没有，只是它的鳞片之间布满了犹如彩色沙砾的小点点。**

鳟鱼会选择在干净清凉的水中产卵。它的身体呈流线型，可以适应河水不断变化的流向。沙砾、卵石来不及沉入河底，就会随着水流被冲走，与不同颜色的矿物质混合在一起，为鱼卵提供了舒适的婴儿房。

鳟鱼身体上的"水痘"，不如说是黑色的、棕色的、蓝色的和红色的小圆点，其实是适应生存环境的一种方式。而且它的"衣服"由它年龄、基因和所在的水环境所决定。

地区不同，这类野生鱼的身体图案也有所不同。生活在背阴多石地区的褐鳟颜色可能非常深，而阳光充足的水域的鳟鱼颜色就会相对浅一些。另外，皮肤组织细胞的收缩和扩大也会引起鳟鱼颜色的变化。和布满斑点的侧腹不同，鳟鱼的背部往往是深色的，这样，从水上或岸上就看不到它。

对了，能在沙子里隐形的扁平动物是什么？答案见第68页。

你知道吗？

鳟鱼有时会游15千米去寻找一个理想的产卵地，那地方温度需要在5℃到10℃之间，干净并多氧，河底的沙砾层厚度在5到20毫米之间，方便它们挖洞并将卵产在洞里。

谁在花丛中捉蝴蝶？

▶ **一只小小的蟹蛛藏在花瓣中，静等采蜜的昆虫掉入它的陷阱。**

对于一只在植物中捕食的蜘蛛来说，生活没有那么容易。它要一动不动地等上很多天，才能等到一个猎物经过，有时甚至要挨饿几个月。如果被发现藏身于花丛中，那它达到目的的可能性就非常小。90%以上的授粉昆虫一旦看到有可疑斑点便会马上换花。

幸运的是，一些蟹蛛找到了解决办法。它们能在几天时间里变成和所在花朵同样的颜色：黄色、绿色、白色、粉红色……和螃蟹一样，蟹蛛也是"横行霸道"的物种，并因此得名。

蟹蛛的前步足比其他足长，像伸开的双臂，准备迎接第一位"客人"的到来，只是它们的拥抱对于昆虫来说是致命的。

牺牲品往往比蟹蛛的个头还要大，但这并不重要。蟹蛛抓住猎物后，只需用它的毒针在猎物的颈部轻轻一刺，没多久，猎物就一命呜呼了。蝴蝶、苍蝇或蜜蜂被刺之后，立即动弹不得，陷入瘫痪。接着，蟹蛛会像吸血鬼一样，吸干猎物体内被毒液转化成的浆液，然后将完整无损的空壳丢弃在花朵上。

你知道吗？

在花丛中转悠的各种蟹蛛中，比较好认的是拿破仑蟹蛛。它在白色、黄色或红色的腹部给自己文了身，如同那个野心勃勃的皇帝的黑帽子。

什么鸟躲藏 在**芦苇**中?

▶ **蒲鸡是一种小型鹭鸟，它们栖身于芦苇丛中，几乎无法被发现。**

大风吹向大片的芦苇丛，发出沙沙声，如同在抱怨。一只鸟在这个奇特的地方安了家。不用找，它可是隐藏高手，没人能发现得了。

蒲鸡不仅有黄色和棕色的条纹羽毛，为了迷惑外界，它还选取了一种怪异的站姿。这是一种滑稽的涉禽鸟，特别胆小，稍有不安就伸长脖子，朝天昂首，极像一束干芦苇。

这种和鸽差不多大小的小鹭鸟，拟态本领学得炉火纯青，它可以随风弯腰，与周围的植物浑然一体。如果危险持续存在，它可以几个小时保持同样的姿势。

蒲鸡对于自己的拟态本领非常自信，当入侵者靠它非常近的时候才选择逃跑，或者先咬上对方一口。

春天的时候，唯有它不分白天黑夜都在鸣叫。只要想象一下空玻璃瓶里发出来的声音，对蒲鸡奇特的嗓音就有了基本概念了。那响彻芦苇丛的奇特的歌唱表演倒也不华丽。很久以前，它就有"沼泽牛"的外号，因为它低沉的哞哞声3千米内都能听到。

你知道吗？

芦苇丛中也藏有其他鸟类，比如大苇莺或芦苇莺，它们在苇秆之间筑巢。那种随风轻轻摇摆的建筑艺术品通常很深，以免鸟蛋不慎掉出。

丘鹬能**隐身**吗?

▶ **它们融入树林的枯枝败叶中了。**

丘鹬在逃避捕食者方面的能力是天下无双的。它往往在夜晚到清凉的草地上觅食。丘鹬的嘴像一把铰接钳，长达6至8厘米。太阳一下山，蚯蚓就爬出地面，丘鹬能轻而易举地捕获食物。天亮之前，丘鹬就回到森林，静静地藏在灌木丛中。这种水栖鸟一整天都会这样蜷缩着身体，静止不动。

丘鹬的羽毛呈黄褐色，就像枯叶一样，上面的图案模糊了它的轮廓。可以说，丘鹬有一身隐秘的羽毛，几乎很难看清。位于头部两侧的两只大眼睛让它拥有了360度无死角的视野。一旦外来者靠近，让它感到不安，它便会灵活地快速飞起，并且不断地改变方向。遇险时，丘鹬的捉迷藏游戏和"之"字形逃跑方式与野兔的策略神似，当然是飞行版的。

对了，这个世界上有透明的动物吗？答案见第57页。

你知道吗？

每年都有数千只鹬从北欧国家南下到法国过冬。鹬尽管有320克重，但它的日飞行里程能达到500千米。但这个纪录已被它的表亲打破了，斑腹沙锥两天就能飞行7000千米。

隐藏起来的**动物**
都很 **危险** 吗？

▶ **在欧洲，绝大部分动物都被归类为无害动物。**

动物们将自己隐藏起来，很多是为了不被外敌吃掉，另一些则是为了对猎物进行突然袭击。如果你去非洲的国家公园，别独自进入大草原又高又干的草丛。那里可能埋伏着狮子，尽管它的捕食对象并不是人。去布满鳄鱼、漂浮着树干的河里游泳，也是一件非常鲁莽的事。没有任何防备地靠近北极的大浮冰，会让饥肠辘辘的北极熊非常兴奋。

除了这些异国的大型食肉动物和毒蛇，其他伪装高手的危险性都不大。但小心谨慎还是有必要的。在法国，最好不要赤脚走在海滩上，因为可能会踩到一种沙黄色的鱼，它们背上有毒刺，被刺后虽然不会有生命危险，但会让人疼痛难忍。

在山间小路远足时，也要注意落脚的地方，免得不小心踩到正在消食的蝰蛇，这是它们唯一懒得逃跑的时候。除了这几个特例外，其他伪装起来的动物都不会伤人。

你知道吗？

伪装起来的动物对我们来说没什么好怕的，但对小动物来说，成为其他捕食者的盘中餐，这种风险是实实在在的。

"未婚妻"藏起来时
雄性如何**找到**它?

▶ **如果找不到女伴,它们会通过声音或气味来引诱对方。**

雌性动物在大自然中隐藏起来后很难被发现。栎褐天社蛾是夜行蛾,当雌性天社蛾装扮成被虫蛀坏的树枝时,该如何找到它?雄雉鸡在茫茫灌木丛中如何找到浅黄色的雌雉鸡?动物界没有相亲平台,但它们有其他计策。

比如,鸟儿们会鸣叫,雄鸟会通过声音来吸引雌鸟,雌鸟听到后会来到追求者身边。其他动物也会用气味来吸引对方。在夜行蛾家族中,母蛾会分泌一种让公蛾难以抵抗的物质,公蛾如同一条侦探犬,会循着味道来到母蛾的身边。隐藏在丛林中的条纹虎也使用同样的求偶策略。公虎拥有特别的味觉接收器,能张开嘴做出特有的动作来解读母虎留下来的气味痕迹。这样,它就会知道漂亮的母虎是否希望马上见到它。如果答案是否定的,就没必要再留在原地了。

对了,你知道什么花能完美地冒充别人的未婚妻吗?答案见第67页。

> ## 你知道吗?
>
> 除了叫、唱和气味,动物有时也会通过颜色和行为来吸引对方。为了表明自己的存在,它们会跳跃、摆动或使身体的颜色变得更艳,这些也都是求偶的办法。小鸨们会聚集在一个"竞技场"上,羽毛漂亮的雄性小鸨抖动翅膀来炫耀自己。它们就是通过这种舞蹈来吸引隐藏着的雌鸨的。

松鼠玩捉迷藏吗？

▶ **它们不仅玩捉迷藏，而且还是高手呢！漫不经心的散步者是很难看到它们的身影的。**

多么漂亮的动物啊！耳朵上的毛像毛笔一样，一条漂亮的长毛尾巴，一张搞笑的小脸。因为有尾巴缓冲，棕红色的松鼠是不会摔坏的。它极为机灵，能出色地在树枝上表演杂技。

但要看到它并不容易。因为这种小小的哺乳动物一看到有外来者，马上就会停止在树皮上攀爬，然后偷偷摸摸地躲到树干后面，把自己隐藏起来，一动不动，同时用一只眼睛观察四周。

散步者没有注意到这一幕，继续朝前走。这不，松鼠已经在玩捉迷藏了。它根据外来者的方位，调整自己在树干上的位置，如同一个调皮的孩子。它的这一招很奏效，再加上它有厉害的爪子，垂直地待在树上一点也不难受。等外来者离开了，这只可爱的小动物还会再耐心等待几分钟，以保万无一失。

你知道吗？

松鼠会为过冬提前储藏很多食物，有橡果、榛子或其他种子。可这个可怜的家伙记忆力不好，常常忘记食物藏在什么地方了，然而它的嗅觉异常发达，甚至可以在厚厚的雪下找到一部分库存，而被忘记的种子则会在条件合适时生根发芽。看来，松鼠也是半个园艺师呢……

谁把自己包裹在河底的小石块里？

▶ **拖杠、水底建筑师、木匠，这些都是石蛾幼虫的别称，它的外形与夜行蛾相似。**

石蛾属昆虫纲毛翅目，与蝴蝶为近亲关系。这些小动物的幼虫生活在水中。然而，对于只有不足4厘米大小的小虫来说，水下到处都是饥饿的捕食者。幸运的是，这种幼虫知道如何对付。它们在河底就地取材，为自己量身定做了一件"礼服"，它们也因此有了各种绰号。

石蛾幼虫的唾液腺能分泌丝质物质，在水底找到的沙粒、树枝、叶子、水蜗牛壳、小石块和小木块都被它粘成一个管状巢壳。时装设计师都一样，它们会选择最漂亮的材料，然后把它们考究地拼接到一起。石蛾幼虫把自己包裹在巢壳里，可以很好地躲避水中、河里和池塘底的捕食者的视线，只是它不会走秀。

石蛾幼虫静止不动的时候，我们很难看到它。有趣的管巢就是它的住所。只要有一点点危险，石蛾幼虫便会把头缩进管巢里，就像乌龟躲在壳里一样。

对了，什么鱼躲藏在石头下面？答案见第51页。

你知道吗？

石蛾幼虫的"礼服"根据所在环境不同而有所不同。比如，在流水中生活的石蛾幼虫会选用小石子作为材料，建造有一定重量、能够沉到水底，又符合流体动力学原理的管巢。

为什么**野猪崽**
身上有**条纹**？

▶ **五颜六色的"服装"破坏了小野猪的整体轮廓。**

从出生到身上长出棕褐色的猪毛之前，小野猪们只穿四五个月的"条纹睡衣"，它们生下来腰腹两侧就有纵向纹带，米色和棕色交替。即便有历经风雨考验、性格刚强的母猪在旁保护，野猪崽还是很容易受伤，所以大自然便在它们身上印上了这个别出心裁的图案。这些保护色使原本为一个整体的动物图案变成了很多分开的小块。阳光透过树叶照进去，形成一个个斑点，不是行家很难看清那是一头小野猪。

但是，野猪崽玩耍起来非常调皮，什么蠢事都干：奔跑、冲锋、蹦跳、推搡打架，从不错失被发现的"良机"。幸亏它们有一个十分小心的妈妈。一旦发现有外来者靠近

猪崽：猫科动物、狐狸或者人，它便会毫不犹豫地发起攻击。当自己的孩子们犯规时，它也会给出母爱的一拱，将它们撞击到一米开外，这是对小野猪做错事的惩罚。喂，喂！紧急呼救！这算是儿童被家暴了吗？

你知道吗？

母野猪会做窝产崽，为小猪们遮风挡雨。与鸟窝不同，猪窝由干草、树叶和蕨类植物做成，高40到50厘米，被称为"小锅炉"。

什么鱼躲藏在
石头下面?

▶ **双保险总比单保险好! 虽然自己的"外衣"具有一定的隐蔽性, 杜父鱼还是无法完全放心, 它宁愿把自己藏起来。**

穿着短裤的小淘气鬼们最喜欢在小溪中找这种只有10厘米长的小鱼。他们把脚踩在水里, 手伸到石头下面, 去摸没有鱼鳞的软绵绵的小杜父鱼。白费劲, 鱼已经游走。最好是轻轻地掀起石头, 看看是否有杜父鱼, 然后再把石头放回去, 但杜父鱼的"伪装服"让任务变得很艰巨。

它身上的图案深浅相间, 如同阳光在水中折射的颜色。杜父鱼身上的颜色会随着环境的不同而变化, 当它栖身在石头缝里时, 往往会摆出S形姿势。要想发现它, 得有火眼金睛才行。尽管如此, 仍有两种捕食者能成功地捕获它们: 渔民和鳟鱼。所以, 为了更加安全, 这种小不点鱼还是倾向于全身躲藏在卵石底下。太阳一下山, 它们就游出来捕猎水中的昆虫。它们用身上的压力和振动传感器官, 把目标猎物赶到黑暗之中, 然后将其吞下。

你知道吗?

雌性杜父鱼在海底洞穴中产卵后, 杜父鱼先生会在旁守护3到4个星期, 其间它会不断地扇动鱼鳍, 以增加氧气量, 防止霉变。

鱼爸爸每天24小时地站岗放哨, 所以鱼卵不会被吃掉。但当鱼爸爸饥肠辘辘的时候, 它也会忍不住吃掉一部分鱼卵! 真是荒唐的爸爸!

为什么**母鸭**没有**公鸭**颜色**鲜艳**？

▶ **当需要长时间孵蛋时，越难被捕食者发现越好。**

绿头鸭通常都会骄傲地炫耀它白色的领环、深绿色的脑袋、深紫色的胸脯和黑色的鸭尾。绿头公鸭的长相比较符合它的名字，母鸭却选择了并不华丽的服装。原因很简单，母鸭要将巢建在相对隐匿的荆棘丛中，然后花28天的时间孵7到14枚蛋。小鸭子出生后，还是鸭妈妈独自照料它们，这时，深色的羽毛是为了不引人注目。

夏天来临时，炫耀的季节结束了，公鸭们要换毛了，它们将换上和母鸭同样的"衣服"，全身变得暗淡无光。我们称之为通体换羽。据说，鸭子做事从来不会只做一半：它们的飞羽、翅尖的长羽毛都会同时脱落。

需要等三四个星期才能长出新的羽毛。

这期间，鸭子会失去飞行能力，或者飞得很费劲。最好小心提防，别让捕食者看见，因为一旦受到攻击，便很难逃脱。

对了，鸟会为了伪装而更换羽毛吗？答案见第80页。

你知道吗？

在秋季，观察绿头鸭的求偶过程是非常有趣的。母鸭一靠近，公鸭们便按捺不住兴奋，开始炫耀自己，展示身上漂亮的羽毛。母鸭选中心仪对象后，便开始向它摇头示爱。之后，它们便一刻也不分开，直到次年春天抱窝。

哪种**蝴蝶**飞到树干上
就**消失不见**了?

▷ **原来是树皮色的小尺蛾。**

这种小昆虫可以毫无遮挡地在树上待一整天，没人会注意到它。直到太阳下山，它才开始活动，展开它披风般的翅膀。尺蛾的翅膀上布满了磷粉，身体的颜色随周围的环境变化而变化，所以很难看清它。

尺蛾属夜行蛾，种类很多，有的白底黑斑，整天待在树皮颜色较浅的桦树上；有的是灰绿色的，或者说是地衣色的，因为地衣是它们喜欢停留的地方。

在法国众多的蛾子中，雾纹蛾很常见，它可以在任何树上隐身不见，无论是花园里的苹果树上，还是邻居家的柳树上，像是个怪物。

母蛾翅膀短小，因此不会飞行。说起长相，比起蝴蝶，它们更像是一种臭虫，很难辨别甚至难以想象它们的样子，但雄蛾可不会弄错。

对了，藏在常春藤中的是什么蝴蝶？答案见第23页。

你知道吗？

待在桦树上的尺蛾有的颜色浅，有的颜色深。1848年以后，工业革命的高峰期，英国博物学家们发现深色蛾的数量越来越多，原来是尺蛾栖息的树干因污染而颜色变深。而白色尺蛾因为容易被天敌发现，消失不见了。到了1960年代，情况开始反转。

有**透明**的**动物**吗?

▶ **有透明的鱼类、甲壳类动物、昆虫……数量比我们想象的要多得多。**

鳗鱼会离开海洋来到淡水区生产小鱼苗,即幼鳗。幼鳗生下来就是半透明的,光不会在它们身上形成反射,而是穿透它们的身体。这种透明鱼体可以躲避捕食者锐利的目光。唯一能看到的是它体内的器官,如心脏或鱼鳃。

还有其他海洋生物也选择了同样的生存策略,一般是生存初期,有时是整个生存期内。水母的幼体、部分鱼类比如比目鱼、刺尾鱼、章鱼、枪乌贼和虾的幼体往往都是透明的。胶状的栉水母非常脆弱,是一种浮游在咸水和淡水之间的海洋生物。它们大部分都是透明的。难以置信!

还有很多小型动物也同样如此,比如部分甲壳类动物、水蚤或桡足类动物。在陆地上,一些鼻涕虫、蚂蚁、瓢虫和青蛙也因身体呈半透明状而为人所知。

你知道吗?

生活在南极洲的眼斑雪冰鱼,是世界上唯一没有血红蛋白的脊椎动物,它体内流动的血完全是透明的,而不是常见的红色。

什么鸟会将自己
伪装成一根枯枝？

▶ **夜鹰的行为一半像猫头鹰，一半像燕子，它整个白天都蹲伏在树枝上，伪装成一根树枝。**

有一种鸟类，它不是猫头鹰，也不是耳鸮，它夜间飞行，发出像猫一样的呼噜声，拥有隼一样的翅膀，但又像燕子一样捕食昆虫。你们知道那是什么鸟吗？这种有趣的鸟类是确确实实存在的。

欧洲夜鹰非常喜欢荒野、林中空地和干燥且阳光充足的采伐区。它有时会在地面停留，但更多的时候会藏在灌木丛中。普通的颜色、类似树皮的羽毛可以把它完全"隐藏"起来，不被外界发现。

它将自己的身体贴在枯树枝上，和树枝融为一体。你甚至有机会抓住它，因为它很喜欢低矮而光秃的树枝。不过你首先要能发现它，它睡觉时会睁着一只眼睛，当你靠近，离它不到5米时，它会立刻飞走。

黄昏，这种独一无二的鸟儿一改白天的麻木状态，去捕食各类夜行昆虫：蚊子、蝴蝶、金龟子等。它重复自己独特的叫声，那不是一般的叫声，更像是一种轰鸣声。由于这种独特的声音，人们给它起了个小名："轻骑鸟"。

你知道吗？

关于夜鹰的夜间习性，人们一直都很好奇，也流传着很多传说，其中有一则传说甚至赋予了它一个拉丁学名：欧夜鹰（Caprimulgus europaeus），直译过来就是"欧洲山羊挤奶工"。传说夜鹰是吃山羊奶的，其实并非如此。

谁会吃力地**背着****海葵**行来走去？

▶ **寄居蟹钻进一个动物壳内，于是多了一个活盾牌来保护自己。**

在海边，我们经常能看到一种奇怪的甲壳动物，它将腹足纲动物的空壳当成了自己的避难所。和一般的螃蟹不同，寄居蟹的腹部是完全柔软的，没有任何用作保护的硬壳，于是便成了很多海洋掠食者诱人的小甜点。

寄居蟹又称"白住房"，它会躲进一个空壳里面，像蜗牛一样用壳来保护自己。当危险来临时，它会躲进壳内，用自己的大螯足封住壳口。它一生中会多次搬家。有时，面对章鱼那样的敌人，它的珍珠壳显得太"弱小"了，于是便求助于海葵。它选中一个海葵，把它从原来的附着物上剥离，固定到自己的螺壳上。这位盟友身上众多的触手可以让它们避免被天敌吃掉。为此，寄居蟹也得不辞辛苦地将海葵背来背去，与之形影不离。有了这位同伴的加入，它们的联合体就变得有威慑力了。奇怪的是，这个组合也让海葵获益，它可以顺便享用这位坐骑的食物碎屑，虽然它并没有提出这个要求。

对了，谁身着藻衣玩隐身？答案见第77页。

你知道吗？

寄居蟹长得比现居的壳更大时，就要搬家了。但它并不会抛弃自己的同伴，而会把海葵从原来的壳上剥离下来，"种植"到自己的新壳上。

怎么才能**看到**藏在草丛中的**蚱蜢**？

▷ **坐在植物中，保持几分钟静止不动。**

夏季，踩在草上的每一步都会引发大群昆虫跳跃逃离的混乱景象。但是，当我们停止所有的动作，想近距离观察这个纷乱场面时，那里又会变得异常冷清，看不到一只昆虫了。蚱蜢其实并没有消失，而是藏起来了。

这些小机灵鬼躲到草丛里，它们有什么目的？就是为了逃离我们的视线范围。这个方法很灵，而且它们的身体大多是淡黄色或草绿色的，这让它们与周围的环境完美地融合在一起。

最好还是坐在野草丛中，一动不动，耐心等待。几分钟后，这片草丛便会恢复之前的热闹景象，这些小小的音乐家重新开始它们的交响乐了：吱吱吱、叽叽叽、滋滋滋……好一场动听的音乐会！要观察它们强有力的后腿是怎样像弹簧一样跳起来的，这是最好的时机。

如果它们的触角比身体短，那就是蚱蜢，反之，就是蝈蝈儿。小心，稍不注意就会惊扰到它们，那时，这些机智的"小提琴手"就会重新钻入草丛，开始玩捉迷藏。

你知道吗？

蚱蜢是不会叫的，而是通过摩擦翅脉发出尖鸣声。它们选一根植物的茎秆，藏好之后，便会快速地摩擦自己的翅脉，如小提琴手拉动琴弦。每种昆虫都有自己独特的鸣叫声，汇在一起，便成了动人的音乐，如同催眠曲，让人昏昏睡去。

哪种毛毛虫
用气味欺骗蚂蚁?

▶ **欧百里香大蓝蝶的幼虫，会通过分泌类似幼蚁气味的"香水"，干扰自己的天敌。**

多么匪夷所思的故事！蝴蝶幼虫能将自己的死敌转化为盾牌和盟友，甚至是猎物。大蓝蝶的生命始于欧百里香或牛至上，它可是严格的素食主义者。

一个晴朗的日子，毛毛虫离开花朵去寻找蚂蚁。肥嘟嘟的小毛虫这是要自杀吗？怎么可能！这只幼虫不仅拥有可以散发类似幼蚁气味的芬芳细胞，还有可以分泌糖汁的腺体。

这足以让警觉的蚂蚁像对待自己的幼蚁一样给它"喂奶"，而不是把它撕成碎片。毛毛虫使出浑身解数，将自己伪装成幼蚁的样子。

毛毛虫是最可怕的掠食者，接着会被蚂蚁带入地下蚁巢，不是为了吃它，而是要把它保护起来，如同保护自己的子女。

骗过危险的保姆们，毛毛虫便会拥有幼蚁一样的待遇，被服侍喂食。它也会借机完善自己的食谱，吞噬蚂蚁卵和幼虫，直到夏天某个美好日子到来，毛毛虫完成了最后的变身，破茧而出，离开蚁巢。

你知道吗？

大蓝蝶毛毛虫是在蚁巢内完成变身的。变成美丽的蓝色蝴蝶后，它必须迅速离开蚁巢，以免被兵蚁吞噬。这种美丽的昆虫是如何做到这一点的呢？直到现在仍是一个谜！也许它还会用一种独特的香味迷惑对方，要不就是它有足够的好运气了！

什么花能完美地冒充别人的未婚妻？

▶ 角蜂眉兰将自己伪装成雌性角蜂的样子，连气味甚至质地都非常相似。

你知道角蜂吗？应该没有几个人听说过，我们需要好好了解一下。但是雄性角蜂和一种野生兰花做出的荒唐事可是声名远扬。这种兰花名叫眉兰，春季开花，正是雄性角蜂羽化成成虫的时候。

角蜂眉兰与雌性角蜂形似，其魅力令雄性角蜂难以抵挡。被征服的雄性角蜂开始与它的"未婚妻"交配，然而一切都将是徒劳的。眉兰丝绒般质地的花瓣像极了角蜂身上的绒毛，就连花香都与雌性角蜂的体香一致，尽管有些许的异国情调，眉兰的模样也对角蜂有所提醒，然而毫无经验又急急忙忙的角蜂小子还是会被骗取感情，最后不欢而散。

眉兰会趁机将自己的两袋花粉沾在来客的头上，当这位不记教训的客人再次停留在第二朵眉兰上时，就会不经意间帮助兰花完成异花授粉。

眉兰不想浪费时间制造花蜜，乔装打扮了一番就制造了一场完美骗局，成功完成了传宗接代的重任，整个过程充满了巧思。而且，这种狡猾的植物还精心选择了最佳时机抛出诱饵：真正的雌性角蜂还未出现之前。

你知道吗？

欧洲70%左右的野生兰花都会参与此类骗人的"非法"活动。视觉和嗅觉伪装是它们的流通货币，它们会利用昆虫轻轻松松地繁衍后代。有些花假装有可口的花蜜，或者伪装成另一种植物或动物。这些花被称为"诱惑之花"。

沙子里什么东西又扁又平而且别人看不到？

▶ **欧洲有超过15种鳎目鱼，还不算其他长得像煎饼一样的鱼。**

鳎目鱼、独鹏鸪、几内亚大鼻鳎，身上布满斑点的，6只眼睛的，长着短绒毛的……身体扁平的鱼中最具代表性的就是鳎目鱼了，它们又扁又平的身体与它们所生活的海底颜色一样。

鳎目鱼一整天都会把身体半埋在沙子或淤泥里，高超的伪装技艺让外界看不到它的存在。它允许外来者靠近自己，此时它会保持静止不动。夜晚，它通过气味或借助它扭曲的嘴边的感觉乳头来捕食蠕虫、软体动物或甲壳类动物。小鳎目鱼在滨海水域长大，在沙滩和港湾区域获取食物。

鳎目鱼过于扁平，没有上下之分。它们都是右撇子，单侧躺在海底，将偏白色的左脸朝下紧挨沙底，带有斑点的右脸朝上，看起来如同一张海底色的床。

你知道吗？

鳎目鱼和别的鱼一样，一开始脸的两侧分别长着一只眼睛。但随着不断长大，头部开始变形，一边眼眶开始移动，从一侧移动到另一侧。

原来如此！

其他扁平的鱼也在沙子里玩捉迷藏：鲽、黄盖鲽、鳐鱼等。其中大菱鲆是它们当中的伪装之王，它以右侧栖息，并随着海底颜色的变化不断自我调整。把它放在国际象棋棋盘上，它都能在自己的身上显出四方框来。

沙子可以自己 跳起来 吗?

▶ 沙子里可没有矿物爆米花,但有石头色的蚱蜢。

被阳光晒得暖暖的一条沙砾小路,一片沙石区,一块鹅卵石地……有种非常特别的蚱蜢对这些像微型沙漠般的区域十分感兴趣,哪怕在夏季,地面温度达到了50℃以上。俄狄浦类蚱蜢通常都是在最后一刻才会被人发现的,比如眼看就要被人踩死、仓皇逃跑的时候。它们的矿物伪装很有欺骗性,为了融入所处环境,它们的颜色会根据生长地点变化而变化:石灰质土中的蚱蜢是灰色的,含铁丰富的软泥土中的蚱蜢是棕红色的,沙子中的蚱蜢则是浅黄色的……

它们跳起来的时候,根据种类不同,会展开鲜艳的红色或蓝色的翅膀,飞得轻松自如,绝对会给你带来视觉惊喜。

反应过来时,你的眼睛就能辨清它着陆的位置,想再仔细观察。但这个狡猾的家伙已经预料到什么,闪电般地改变了飞行方向,结束了自己的既定行程。这个急转弯让它得以在石缝中消失。

那么,怎么才能看到藏在草丛中的蚱蜢呢?答案见第63页。

你知道吗?

俄狄浦类蚱蜢喜欢旅行,旅途中可以不断获得新的生存之地:采砂场、采石场、工地或者公园里的沙砾区。即便如此,大部分种群的数量还是在急剧下降。

鸟蛋也有
伪装服吗?

▶ **是的，特别是不筑巢的鸟类直接下在地面上的蛋。**

对于裸露在地面上的蛋来说，生存下来的概率可想而知。自然界中，想吃煎蛋的可大有"人"在，然而，习惯露天下蛋的动物也并没有从地球上消失。

它们有什么生存秘诀呢？原来这些蛋生下来就自带与所处环境同色的花斑，这些保护色让它们成功避开了掠食者的目光。

比如，环颈鸻的巢其实非常简陋，就是在沙石中挖一个小坑，在这样的地方下白色亮眼的蛋是万万不行的。淡黄色的鸟蛋上布满了棕色花斑，与鹅卵石地面融为一体。而且，雌鸟往往会搬来一些小石子和植物碎片放在鸟窝周边，这样鸟蛋就可以更好地"隐身"了。

破壳而出的雏鸟很快就能离开鸟窝独立生活。它们睁开大大的眼睛，身上的花斑羽毛不仅可以抗寒，还可以保护自己不被掠食者发现。我们将这种鸟称为早成鸟，如蛎鹬、燕鸥、鸵鸟、大雁或雉鸡。而晚成鸟生下来身上光溜溜的，没有羽毛，也没有视觉，需要先在用细枝筑成的鸟巢中生活一段时间。

你知道吗？

布谷鸟会偷偷地将蛋下在其他鸟类的巢中。它会扔掉其中一枚蛋，然后将自己的蛋放进去。这个强盗甚至还能让骗局升华一个层次：它们可以生下和别的鸟相似的蛋，被骗的鸟妈妈会在不知情的情况下喂养这个贪婪的"异类"。

鼹鼠为什么藏在地下？

▶ **这个小小的地道挖掘工胆小得宁可隐姓埋名地活着，以躲避来自空中的袭击。**

身长17厘米，完全生活在地下的最大优势就是可以将绝大多数的捕食者拒之门外。即使目光犀利的猛禽从空中俯视，也发现不了鼹鼠的行踪。唯一"背叛"鼹鼠的是地面上的鼠窝入口，那里厚厚的土层像铁甲一样保护着巢穴。

这个小小的地道挖掘工是食虫者，它在地下可以找到它所需的所有食物。鼹鼠可以挖掘出令人难以置信的地下通道，组成这个网络的坑道略大于它的身体，但它的身体灵活得很。当它要在里面掉头时，它可以把手指放入鼻中甚至放入粉红色的嘴里。鼹鼠嗅觉灵敏，加上通道放大的震动效果，它可以把自己最喜爱的食物蚯蚓赶到通道里。它在自己的坑中建造了多个房间，不但有食物贮藏室，甚至连厕所都有呢！

鼹鼠在不断进化的过程中，前腿变成了铲子的形状，便于它在地下挖掘并将泥土抛出通道。它小巧的身体呈流线型，适合在地下跑动。只有尾巴是垂直生长的，那是为了感应洞顶。如果这条"天线"无法接触到洞壁，那麻烦可就大了。鼹鼠必须以最快的速度恢复洞穴的安全。

你知道吗？

鼹鼠是为数很少的自然死亡多于被杀的小型哺乳动物，而且死后也用不着埋葬，它在生前已安排好一切……

谁身着藻衣
玩隐身？

▶ 水虿总是披着一身丝状的水藻大衣。

一种神秘的生物身穿水藻衣，趴在水底，等待着它的水生物快餐的到来。只要大小合适的水生昆虫经过，"咔"的一声就会被吃掉。水虿是个可怕的沼泽猎手，拥有一件秘密武器。

它的下唇形如锋利的钳子，连接着一条带关节的手臂。沼泽里的任何小虫经过它家门口，都会被这一瞬间伸出的隐藏起来的武器捕获。然而沼泽对水虿来说并非没有危险。为了能吃到其他小虫子又不被吃掉，最好还是隐藏起来。

因此这个小小"外星人"经常躲到泥沙里或植物中。如果是在泥沙里，它只露出眼睛部位。

和其他蜻蜓目昆虫一样，水虿在伪装上精益求精，让水藻在自己身上繁殖，再加点沙子和残枝败叶，这个"外星人"与水底世界浑然天成。

蜻蜓的幼虫会在水中生活几个月甚至几年，然后化作一只漂亮的蜻蜓——一个光彩夺目的空中飞行女王。

对了，谁会吃力地背着海葵行来走去？答案见第60页。

你知道吗？

受到惊吓时，蜻蜓幼虫会飞快地溜走。它用尾部吸水，然后猛烈喷出……强大的后坐力会推动它迅速向前移动。我们可以称之为"喷气式放屁"。

为什么**毛毛虫**基本上都是**绿色**的?

▶ **如果整天都偷偷地躲在树叶上,还有比绿色更合适的颜色吗?**

大部分毛毛虫的早、中、晚餐都是由植物构成的,而鸟类只会优选食虫,对许多鸟类来说,蛋白质丰富的毛毛虫可是主食。春天,一只小小的山雀可以吞下几千只毛毛虫。因此,对胖嘟嘟又只有几毫米大小的毛毛虫来说,低调显得尤为重要。

身体的颜色无疑要选择绿色。通常,每种蝴蝶的幼虫只能吃一种植物。毛毛虫生在食物中,每天唯一要做的就是专心吃营养丰富的树叶,这是父母替它们选择好了的。

毛毛虫需要积聚足够的能量以完成变形,成为一只美丽的蝴蝶。在这之前,它一直都在吃,体重与日俱增,但仍然很难被发现,这要归功于它们身上的绿色。有的毛毛虫会利用树叶的叶脉把自己藏起来,或者精心地把树叶折起来,然后藏身其中。

你知道吗?

一些蝴蝶,包括线灰蝶,只把卵产在李属树木上。如果母蝶将卵产在传统的李属树上,什么问题都没有。但如果选上花园或公园里的外来李属树时,情况就很糟糕。绿色毛毛虫在日本樱花树的红色叶子上活下来的概率几乎为零。它们的天敌能马上看到这些倒霉的家伙,然后快活地将它们吞下。

鸟会为了伪装而更换羽毛吗?

▶ **高山雷鸟会在冬季来临前换上一身雪白的羽毛。**

雷鸟,又名雪鹑,生活在高山光秃秃的山坡上。山太高了,几乎没有树木,选择低调的白色羽衣是对的。雷鸟的腿短粗,身体矮胖,羽毛如丝般细腻,因为要适应冬季的低气温。为了抵挡山顶的寒风,雷鸟连鼻孔都有羽毛,就像脚趾那样,那是它们的滑雪板。此外,它们还会把身上的羽毛换成白色的大衣。

雷鸟生存得简单粗鲁,容易满足。它的大部分食物就是一些生长不良的树枝和树叶。春天天气转好时,雷鸟开始换羽,它脱掉了暖和的雪地靴,原先耀眼的纯白色羽毛也夹杂了些许低调的棕色。这是生存的本能使然,整个夏季,雷鸟都会待在最适合"隐形"的地方。只要外面有一丁点儿动静,比如一个远足者靠近了,它便会一动不动,让人误以为自己是一块石头。

对了,为什么母鸭没有公鸭颜色鲜艳?答案见第53页。

你知道吗?

春季,如果美国雪鹑的换羽期没有及时到来,雄性雪鹑便会弄脏自己的羽毛,以减少被天敌看到和吃掉的风险。

为什么很难

看到蝉？

▶ **蝉栖息在高高的树上，一动不动，由于颜色低调，我们很难看到，然而它们的存在却是毋庸置疑的。**

整个夏天，蝉都会在我们周遭引吭高歌，然而想看到它们却不那么容易。蝉的浅色身体非常适合栖息在树皮上，让它躲过恶意的目光。为了更好地藏身，蝉会终日纹丝不动。

蝉的口器犹如一根细长的硬管，插入树中吸吮植物汁液。只要太阳出来，它就是一个不知疲倦的音乐家。

六月起，温度只要超过25℃，雄蝉就会从早唱到晚。雄蝉的体内有音箱盖，一种像钹一样的东西，每秒钟可以震动上万次，发出响亮的鸣声。

蝉的成虫只能活上50来天，在这之前，它以长有脚爪的幼虫形状，在地下一般要度过3至5年的黑暗时光。

雌蝉先在树上诞下300到400枚卵。孵出后不久，幼虫便掉入土中，它异于寻常的前爪为自己挖掘土穴，靠吸食植物的根茎为生。若干年后的一个早晨，这只怪异的幼虫从土中爬出，摇身一变，羽化成一只美丽的蝉。

你知道吗？

地下生活结束后，幼虫爬出地面，变成一只成年蝉。蝉会为自己这一伟大的变身留下证据，那就是往往显眼地依附着植物的蝉衣。

谁**外表酷似**蚂蚁 **却不是蚂蚁？**

▶ **有些蜘蛛会终身以蚂蚁的身份存活，而部分臭虫小时候才做这样的事情。**

仿蚁术确实有利于保住自己的性命。很多捕食者，甚至包括鸟类，都会因惧怕被叮咬或中毒而避免向它们发起攻击。

有些会跳跃的蚁蛛，比如跳蛛，便深知这一点。它们不仅完美地复制粘贴了蚂蚁的外表，还在行为动作的模仿方面精益求精。

这些灵活的蜘蛛效仿蚂蚁的爬行节奏，让自己的第二对前肢高高翘起，伪装成蚂蚁的两只触角。

在昆虫中，有一种臭虫会在自己生命早期的多个阶段伪装成蚂蚁的样子，它们的中文名叫"椿象"。这种小昆虫会将它形似匕首的口器捅进猎物，尤其是蚜虫的体内吸食。椿象幼虫不断长大，一旦成年，就会抛弃伪装，变成完全不同的样子。

对了，哪种昆虫会把自己打扮成胡蜂的样子？答案见第20页。

你知道吗？

这种模仿如此逼真，甚至在用麻雀做实验时都能成功，麻雀根本分不清蜘蛛和蚂蚁。

章鱼变色
需要多长时间？

▶ **只需一瞬间，章鱼便可完全"消失"。**

软体动物对于捕食者来说是可口的便当。所以，章鱼一生中大部分时间都是在隐藏中度过的，只有头部会露出来。

它睁着大眼睛，观察着周围的情况，随时准备变成与环境相适配的样子和颜色。章鱼的皮肤有众多的微小肌肉，可以改变它的外表、身体组织和身上的突出部分，让它们瞬间伪装成岩石、参差不齐的珊瑚或表面光滑的卵石。

章鱼身体表面分布着几百万个色素细胞，它通过展开或收缩这些细胞来随意变色。其他细胞则能反射光线，或选择不反射光线为它的高超隐身术添砖加瓦。

章鱼的主脑与触手上的其他8个神经元连接，这使它成了拟态冠军。聪明的章鱼还擅长解决问题，在掠食者的眼下消失，在纷繁复杂的迷宫中找到出路，甚至能在同类那里学习到新本领。作为一种软体动物，这显然已经很不错了！

你知道吗？

章鱼受到骚扰时，会因为愤怒或恐惧而变成白色，身体展开呈伞状，开始膨胀，然后喷出一团墨汁，并趁机飞快地逃离。

原来如此！

拟态章鱼还会模仿其他动物的样子和行为，如海蛇、巨型蟹、水母，甚至蝎子鱼。

蝴蝶会瞪眼睛吗？

▶ 有些蝴蝶甚至还瞪得很好呢，但其实它们只是……展开了翅膀！

受到惊吓时如何吓退对方呢？孔雀蝶、大天蚕蛾、伊莎贝拉蝶、锈斑天蚕蛾，还有其他很多蝴蝶都找到了对付天敌的好方法。它们的翅膀上有两块眼状斑，让对方误以为看到了一双令人害怕的眼睛，警告它要小心！

当目天蛾受到威胁时，它会猛然展开后翅，红色的翅膀上亮出一对圆瞪的大仿眼。让对方惊慌失措，它的腹部也会变成一个形似怪物的鼻子，两只蓝色的眼睛闪闪发亮。

几片白色或明亮的鳞片似乎在反光，像所有的眼球一样。这种出乎意料的"眨眼"会吓退外来者，或让它放弃吃掉眼前这个怪物的想法。这种出其不意的效果为蝴蝶争取

到了足够的开溜时间，它便能全身而退了。

还有一些蝴蝶隐藏起来的部位是红色、蓝色或橙色的，尽管图案不是很精细，但它们扇扇翅膀就能达到同样的效果。

你知道吗？

有些毛毛虫，例如红天蛾幼虫，在受到威胁时也会使用同样的骗术。它们摆出一个特有姿势，让身体后部膨胀起来，上面的斑点会变成铜铃大眼。它一下子就从可口幼虫变成了一条小蛇。

哪些动物
藏在树洞里?

▶ **啄木鸟、山雀、五十雀、猫头鹰、貂鼠、松鼠、大胡蜂……大量动物都会把家安在树上高低不同的地方。**

穴居动物不仅仅生活在岩洞里。生物学家将所有栖身在暗处,包括树洞里的动物都归类为穴居动物。种类还不少呢,其中斑啄木鸟、绿啄木鸟和黑啄木鸟每年都会在树上开凿新的巢穴,它们的工具就是一把"手钻",即它们自己的喙。

也有其他机会主义者过来抢占啄木鸟的家,或自然界的其他洞穴。它们需要这些地方来养育后代,躲避风雨和休息。哺乳动物中,比如松鼠、蝙蝠或黄鼠狼的表亲貂鼠,都常常利用这些意外收获。

鸟儿们就更多了。很多种山雀都在树洞里养育雏鸟。五十雀们根据自己身体的大小,用自己叼来的黏土把洞口改小,这样就可以避免洞穴再被其他动物侵占,比如椋鸟、欧鸽、寒鸦、纵纹腹小鸮、灰林鸮,或鸭子家族中最漂亮的种类之一——鹊鸭。

昆虫家族中的蜜蜂、马蜂、大胡蜂也会不顾及业主的利益,将其他巢穴据为己有!

你知道吗?

黑啄木鸟喜欢将家安在高处,往往离地面7米以上。它平均每天用喙啄12000下,耗时3个星期才能完成一个深30厘米的洞巢。多不容易啊!

为什么我们散步时很难遇到野生动物呢？

▶ **"隐姓埋名，幸福安定！"野生动物们严格实践这句谚语！**

大部分野生动物对人类都存有戒心，因为这关乎它们的生死。几千年以来，一直有人狩猎，或为了它们的肉，或为了它们的皮毛，或仅仅是因为无聊。

大小动物都对人类感到恐惧，对它们来说，人类似乎成了它们的灾星。大量外来者的到来，带来了各种气味，大范围地弥散在大自然中，野生动物一嗅到，还没看到人，便会谨慎地远远离开。

动物们无须电子监视设备，它们从生下来就具有超级敏感的听觉和嗅觉。手杖落地的声音、雨衣的摩擦声、说话声或衣服上除味剂的香味、刚刚吃过的蒜味熏肠的香味或身上散发出来的汗味，都能让动物们立即觉察到人类的靠近……感官发出警报，动物们要么逃跑，要么躲藏。远远地听到人类的脚步声，或者闻到他们的气味，动物们很容易就能对外来者进行定位。外来者一旦远离，警报便解除，它们的生活又重归正常。

你知道吗？

在一些动物保护区，动物对待人类的态度已经发生了变化，猎人与猎物的关系也变得没那么紧张了。尽管本能让它们小心人类，但鸟儿和哺乳动物们还是很容易接近人类。

球蝼藏在哪里？

▶ **球蝼终日躲藏在又黑又潮湿的地方，但肯定不是藏在耳蜗里①。**

在石头、小木块下面，在水果上的小洞里，在树皮或窗户的缝隙里，在树叶下或堆肥里……总之，我们的小球蝼接受一切藏匿处，只要湿度够高且阴凉。冬天呢，它会选择在地下度过。

夜晚降临，这种神秘的昆虫离开它白天的藏身处，开始在周围搜寻食物。也不是很难，所有掉到它的嘴边或身边的东西都可以吃：绿藻、花朵、小芽、水果、螨虫等，但它最喜欢的还是蚜虫。

说到球蝼的一对钳子，母球蝼的是平直的，公球蝼的却是弯曲的，尽管不那么锋利，但作为自卫武器还是很有用的。球蝼完全没有伤害性。当它想吓唬对方时，它会和蝎子一样抬起腹部，把钳子分开，显示它的威风。

你知道吗？

球蝼或蠼螋可是日本折叠术的高手，它可以通过一系列复杂的折叠把自己的翅膀隐藏在微小的鞘翅下。尽管它喜欢赛跑，但也有飞翔的本领。

原来如此！

常见的母球蝼都是好母亲，它们非常小心地保卫自己的蛋卵，悉心照料弱小的孩子，直到它们离开巢穴或者夭折。

①传说球蝼会钻进耳蜗，所以它又名"耳夹子虫"。——译注

为什么绿青蛙喜欢浮萍？

▶ 这种两栖动物在浮萍里可以很好地隐藏自己。

在池塘或水不流动的洼地，常常漂浮着一层绿色的东西，它由无数绿色的小水生植物凝聚而成，每一个都如同直径几毫米的碟片，那就是浮萍。

绿青蛙如其名，身上也是绿色的，它大部分时间都待在水边晒太阳，但一旦有人过于靠近，它便"扑通"一声，一头扎进水中不见了。

它这只是略施小计，随后便会在不远的地方又重新现身。它把头钻出水面，略高于浮萍和其他水生植物。绿色的脸和嘴出现在绿色背景中，这就是它隐身的秘诀！它正在窥伺呢！当危险最终远离，青蛙会恢复正常活动，重新上岸，继续享受它的日光浴。

同时，它一动不动，以便突然袭击，一口吞下那只大胆靠近它的苍蝇。

你知道吗？

有些青蛙是蓝色的，原因不得而知。其他种类的青蛙，如棕色青蛙，每年只有在繁殖的时候才会下水几天。它们之所以是棕色的，是因为它们更多是生活在枯枝败叶间或篱笆下。

原来如此！

青蛙是一个通称，有不同的种类，要想准确区分它们是很困难的。

白斑狗鱼是如何

融入背景的?

▶ 因为它绿色的鳞片外衣上巧妙地布满了浅色斑块!

每天,阳光和河流在水底上演特别的表演秀。水底下光与影共舞,水生植物随着水波摆动。背景一动不动。白斑狗鱼就是在这些水生植物中潜伏以待。

大部分鱼都是银白色的,白斑狗鱼却喜欢迷彩服和伪装。土黄的底色上搭配着浅色斑点,如在水中浮动的光影。小白斑狗鱼身上有斜纹,随着鱼儿不断长大,这些条纹渐渐模糊,最后变成了浅褐色的斑点。在水底潜伏时,这种凶猛的鱼纹丝不动,眼睛直直的,等待着猎物经过,以便闪电般冲过去,张开大嘴。当心啊,冒失的小鱼们!

白斑狗鱼的嘴像鸭嘴一样扁平,700颗牙一直排列到舌头和上腭部。当它合上嘴

时,即使是像欧鲌那样光滑的鱼,也不可能逃出来。

你知道吗?

在一些大湖中,白斑狗鱼可长达150厘米,重30公斤。但在一般的江河中,最大的白斑狗鱼都是雌性鱼,体长很难超过90厘米。

原来如此!

夏天,在水底植物上方游泳时,只要戴着面罩和透气管就可以吮住潜伏在水底的白斑狗鱼。

这片**枯叶**真的

死了吗？

▶ **没有！其实，这是一只活生生的机智的蝴蝶！**

一些动物不仅会伪装，还会模仿。伪装只需身穿和周围环境一样颜色的外衣，而模仿还需要在这个基础上，使自己的外形与环境中的某物一致：动植物或其他物体。夜蛾，又名"枯橡树叶"，这个名字很形象。模仿是夜蛾的生存策略之一。

夜蛾白天停在树枝上，一动不动。我们可以靠得很近，甚至可以抚摸它，它都不会飞走，可见它对自己的模仿术是多么自信。"枯橡树叶"的翅膀被"修剪"得和树叶的形状一样，而且翅膀是棕色的，与秋日的树叶一样。整体上看去，尖尖的鼻子像叶柄，我们甚至能看到叶脉。所有这些，都让我们以为这是一片枯叶。

问题是这种蝴蝶夏季才会飞⋯⋯在这种情况下，很难在一片绿色中"消失不见"。幸运的是，它找到了被夏日阳光晒干了的植物。

它的幼虫也很难被外界发现。小毛虫的体形可以让它紧贴在树枝上而不产生任何阴影。它好像嵌进树枝里面去了，成了树皮的一部分。

你知道吗？

别的夜蛾也使用同样的招数隐身。这些胆小鬼身穿秋色外衣，有明暗相间的三角图案。休息的时候甚至会卷起翅膀的边缘，看起来和枯叶一模一样。

作者简介

大卫·梅尔贝克（David Melbeck）：法国自然学家，撰写过许多针对青少年的科普读物。自然杂志《蝾螈》的编辑和活动策划人。

贾姆普尔·弗莱兹（Jampur Fraize）：绘画师，画风幽默清新。曾出版《恶的恐惧》《地狱农场》等绘本。

译者简介

李丹：2002年赴法留学，2010年回国至今在法国驻武汉总领事馆教育处工作，负责中法院校的交流与合作。曾为法国外交部中国事务特使、法国驻华大使、三任法国驻武汉总领事、四任教育专员、领事区内中国省市领导、高校校长等做现场会谈翻译。